批點考工記序

民有四工居其一官有六司空居其一周禮有六冬官逸其一而考工記興焉其人則攻木攻金攻皮設色刮摩摶埴其技則爲車爲量爲鍾

爲鼓爲圭爲侯爲弓爲矢爲筍簴爲營國爲溝洫記之所爲工也夫上古之時蕢桴土鼓土簋陶匏而登樂爲罍械之用纖悉瑣尾於王政何居蓋器車神鼎見天巧焉而聖

人〻作無苦窳亦無淫巧以
全民用以彰執物至于工執
藝事以諫則規萬之中尚有
典刑人主豈敢厭縱其耳目
以為邪心比于末世木鳶玉
虎雲梯威斗大鍾刑禺瓊弁

金掌寶山銀海楮葉絲花為
奇為褻恣玩好而蕩心志則
記之所為戒也蓋考工而古
今不相及顯若可知矣夫以
記而參五官五官制事而記
制物五官之文闇然而記斐

然五官為經而記為疏五官在方策之間而記為巔門之學五官在周而記在漢矣記果弗倫矣乎然讀記之文而周之五輅六玉彤弓盧矢豆區釜鍾良工哲匠發硎引墨

如幾見之循聲得貌賦象班形至使般倕攦其指函冶避其神離朱謝其巧操觚之士不能賈其餘以自見記之文焉可誣也世儒執邦土地利之說而謂於五材無當也則

以五官有越俎而當討有溢數而當裁若是乎冬官不亡而記自贅疣矣夫先王馭吏精神貫注而事用旁通時攝時秖時置時省世代綿邈莫可殫述如鶻鳩既舉不廢五

雉禹宅司空垂工益虞殷人五官之外六府六工寧為麗乎漢人司空廼為御史隋唐之代尊為三公寧盡淂以冬官水土之非其職乎唐虞惟百夏商官倍所損所益若存

若亡必以其屬六十而不宜有羨備冬官而亂五官吾無取焉夫秦漢而後六藉之亡久矣寧獨周官吾猶以五官而章存猶當有如記記之者以標其徽眇而暢其疏節叢揮事業揚翊治平而奈何更議討也吾猶以記為未盡而量田賦民耜耦同成鑄律作樂皋陶侈弇不覩先王之大全而奈何于其幾希之存者而輕議廢也今土裂而出甗

甗泉湧而見鼎彝慱古之士
目瞬心驚視如神運鬼工莫
可彷彿由此而譚周漢而上
工絕技而文絕調記之所考
吾能徵之矣冬官已矣夫記
者當自獨行于世而於五官

之真贋無論也

江夏郭正域撰

秦灰既熄周禮復出於漢而冬官闕焉河間獻王以千金購之弗獲於是以考工記補之嗟乎考工豈周書也然其文瑰奇變化乃天地間一種不可磨滅文字

考工記

上篇

國有六職百工與居一焉或坐而論道或作而行之或審曲面埶以飭五材以辨民器或通四方之珍異以資之或飭力以長地財或治絲麻以成之坐而論道謂之王公作而行之謂之士大夫審曲面埶以飭五材以辨民器謂之百工通四方之珍異以資之謂之商旅飭力以長地

財謂之農夫治絲麻以成之謂之婦功

審曲面埶謂審察五材之曲直及方面形勢也五材金木皮玉土也方面如陰陽之面背是也辨具也

文氣矯矯前無古人

粵無鎛燕無函秦無廬胡無弓車粵之無鎛也非無鎛也夫人而能爲鎛也燕之無函也非無函也夫人而能爲函也秦之無廬也非無廬也夫人而能爲廬也胡之無弓車也非無弓車也夫人而能爲弓車也

世守之便是尋常語只倒一字遂覺意緒含蓄

粵無鎛謂人人能爲之無專工也下倣此鎛人田器函鎧也廬謂戈矛之柄夫人能爲言人皆能作是器也

知者創物巧者述之守之世謂之工百工之事皆聖人之作也爍金以爲刃凝土以爲器作車以行陸作舟以行水此皆聖人之所作也天有時地有氣材有美工有巧合此四者然後可以爲良材美工巧然而不良則不時不得地氣也

五行者天地生成自然之理考工述之刃之以金爲體者以火爲用故於金言鑠器之以土爲體者以水爲用故於土言凝水行乘舟以濟不通陸行乘車以任重致遠則木之爲用無往不利時寒溫也氣剛柔也考工者舉此以推五行造化之理以明聖人器用之制使天下因物以窮夫理也

橘踰淮而北爲枳鸜鵒不踰濟貉踰汶則死此地氣然也鄭之刀宋之斤魯之削吳粵之劒遷乎其地而弗能爲良地氣然也燕之角荆之幹妢胡之笴吳粵之金錫此材之美者也天有時以生有時以殺草木有時以生有時以死石有

綱舉目備事悉文奇此記之樞管也

時以泐水有時以凝有時以澤此天時也

橘踰淮而北爲枳者斥鹵之地不能使草木生植也貉善緣木之猨也荆州也幹柘也可以爲弓弩之幹妢胡妢胡子之國在楚旁笴矢幹也一日妢胡中之地名也泐石解散也夏盛暑則然蓋天時有陰陽之異候氣有燥濕之異齊而其物亦有疏穜堅柔之異質三者備而後工行以施其巧

凡攻木之工七攻金之工六攻皮之工五設色之工五刮摩之工五摶埴之工二攻木之工輪輿弓廬匠車梓攻金之工築冶鳧㮚段桃攻皮

之工函鮑韗韋裘設色之工畫繢鍾筐㡆刮摩之工玉楖雕矢磬摶埴之工陶旊

事官之屬六十此識其五材三十工畧記其事耳後日某人者以其事名官也其曰某氏者官有世功若族有世業以氏名官者也盧戈戟矜柲也梓榎屬也

有虞氏上陶夏后氏上匠殷人上梓周人上輿

官各有所尊王者相變也舜至質貴陶器甒大瓦棺是也禹卑宮室盡力溝洫故尊匠湯疾禮樂之壞而尊梓武王疾上下失其服飾而尊輿

聯絡妙

故一器而工聚焉者車爲多車有六等之數車

軫四尺謂之一等戈柲六尺有六寸既建而迆崇於軫四尺謂之二等人長八尺崇於戈四尺謂之三等殳長尋有四尺崇於人四尺謂之四等車戟常崇於殳四尺謂之五等酋矛常有四尺崇於戟四尺謂之六等車謂之六等之數此兵車也車軫四尺者兵車之輪六尺有六寸軹崇三尺有三寸加軫與轐之七尺則爲四尺也是軫去地四尺矣自軫以上皆差以四尺其數凡六故六等之數軫一人一之外其兵有四曰戈柲曰殳曰車戟曰酋矛戈柲六尺有六寸殳長尋有四尺車戟常酋矛常

考工記　上篇　四

有四尺皆置之車旁備而不用柲戟柄也迆讀爲倚謂著戈於車斜倚也凡察車之道必自載於地者始也是故察車自輪始凡察車之道欲其樸屬而微至不樸屬無以爲完久也不微至無以爲戚速也輪已崇則人不能登也輪已庳則於馬終古登阤也故兵車之輪六尺有六寸田車之輪六尺有三寸乘車之輪六尺有六寸六尺有六寸之輪軹崇三尺有三寸也加軫與轐焉四尺也人長八尺登

遠近有情曲盡其妙

下以爲節

撲屬猶附著堅固貌微至謂輪至地者少以其圓甚著地者微也已崇大高也終古猶言常也阤阪也謂輪單則難引也兵車革路也田車木路也乘車玉路金路象路也軫輿也軹轂也轐伏兔也又軹轂末

輪人爲輪斬三材必以其時三材旣具巧者和之轂也者以爲利轉也輻也者以爲直指也牙也者以爲固抱也輪敝三材不失職謂之完

三材所以爲轂輻牙也必以其時謂中冬斬陽木中夏斬陰木也巧者和之謂調其鑿枘

而合之也利轉者轂以無有爲用也牙讀作迓謂輪輮也或又謂之罔輪敝三材不失職謂輪雖敝盡而轂輻與牙不動也

望而眂其輪欲其幎爾而下迆也進而眂之欲其微至也無所取之取諸圜也望其輻欲其揱爾而纖也進而眂之欲其肉稱也無所取之取諸易直也望其轂欲其眼也進而眂之欲其幬之廉也無所取之取諸急也

輪謂牙也幎均致貌進猶行也微至至地者少也無所取之取諸圜也言非有他也圜使

文理婉至趺宕不渴佳

之然也下言易直言急倣此槷纖殺小貌肉稱謂弘殺好也眼出大貌幬者緵轂之華也華急則裹木廉隅見也

眂其綆欲其蚤之正也察其菑蚤不齵則輪雖敝不匡綆謂輪箄也蚤之正謂輪雖箄而爪牙必正也菑謂輻入轂者也泰山平原所樹立物爲菑菑與爪不相佹然後輪敝盡不匡刺也匡枉也

凡斬轂之道必矩其陰陽陽也者稹理而堅陰也者疏理而柔是故以火養其陰而齊諸其陽

則轂雖敝不藃轂小而長則柞大而短則摯矩其陰陽謂刻識之也稹致也火養其陰炙堅之也藃謂藃暴陰柔後必撓減而幬革暴起也柞謂輻間窄狹也一曰小而長則菑中弱也摯謂輻危摯也一曰大而短則轂末不堅也

是故六分其輪崇以其一爲之牙圍參分其牙圍而漆其二椁其漆內而中詘之以爲之轂長以其長爲之圍以其圍之防捎其藪五分其轂之長去一以爲賢去三以爲軹

輪之崇六尺六寸也牙圍尺一寸也漆其二謂漆者七寸三分寸之二不漆者三寸三分寸之一蓋不漆者其踐地者也椁者度兩漆之內相距之尺寸也六尺六寸之輪漆內六尺四寸是爲轂長三尺二寸圍徑一尺三分寸之二也防三分之一也捎除也藪讀爲蜂藪之藪謂轂空壺中也此藪徑三寸九分寸之五壺中當輻菑者也蜂藪者言衆輻之所趨也賢大穿也軹小穿也大穿實五分轂長去二則得六寸五分寸之二凡大小穿皆謂金也合大小穿金厚一寸則大穿穿內徑四寸五分寸之二小穿穿內徑二寸十五分寸之四如是乃與藪相稱也

容轂必直陳篆必正施膠必厚施筋必數幬必負幹既摩革色青白謂之轂之善

容者治轂爲之形容也篆轂約也幬負幹者革轂相應無贏不足也摩革色青白謂丸漆之乾而以石摩平之革色青白乃善也

參分其轂長二在外一在內以置其輻凡輻量其鑿深以爲輻廣輻廣而鑿淺則是以大扤雖有良工莫之能固鑿深而輻小則是固有餘而强不足也

置其輻者轂長三尺二寸令輻廣三寸半則輻內九寸半輻外一尺九寸也鑿深輻廣謂

廣深相應則固也抏則搖動也固有餘而强不足言輻弱不勝轂之所任也

故竑其輻廣以爲之弱則雖有重任轂不折參分其輻之長而殺其一則雖有深泥亦弗之溓也

竑謂量度之也弱謂菑也今人謂蒲本在水中者爲弱是其類也殺其一謂衰小之也溓謂泥不黏著於輻也

參分其股圍去一以爲骹圍揉輻必齊平沈必均直以指牙牙得則無槷而固不得則有槷必足見也

胡飽

烏列反讀作涅

股謂近轂者骹謂近牙者方言股以喻其豐故言骹以喻其細人脛近足者細於股謂之骹羊脛細者亦爲骹揉輻必齊謂以火熇之衆輻之直齊如一也平沈必均謂浮之水上無輕重也牙得謂倨句鑿內相應也不得則有槷必足見言槷大也然則雖得猶有槷但小耳

六尺有六寸之輪綆參分寸之二謂之輪之固

輪箄則車行不掉也參分寸之二者出於輻股鑿之數也

凡爲輪行澤者欲杼行山者欲侔杼以行澤則

是刀以割塗也是故塗不附侔以行山則是摶以行石也是故輪雖敝不甐於鑿杼謂削薄其踐地者侔謂上下等塗不附謂泥不著於輪也摶謂圜厚也不甐不動也凡揉牙外不廉而内不挫旁不腫謂之用火之善廉絕也挫折也腫瘣也

是故規之以眡其圜也萬之以眡其匡也縣之以眡其輻之直也水之以眡其平沈之均也量

其藪以黍以眡其同也權之以眡其輕重之侔也故可規可萬可水可縣可量可權也謂之國工萬謂萬蔞不匡刺也輻之直謂輪輻三十上下相直從旁以繩縣之中繩則鑿正輻直矣平沈之均謂平漸其輪無輕重則斵材均矣眡其同者謂黍滑而齊以量兩壺無贏不足則同也輕重之侔者稱兩輪欲等若有輕重則引之有難易矣國工謂名工也

輪人爲蓋達常圍三寸桯圍倍之六寸信其桯圍以爲部廣部廣六寸部長二尺桯長倍之四

尺者二十分寸之一謂之枚部尊一枚

達常蓋斗柄下入杠中也圍三寸徑二寸也梏蓋之杠也杠圍六寸徑三寸足以含達常也部者蓋斗也廣謂徑也部長二尺謂斗柄達常也杠四尺者二是長八尺也謂達常以下加達常二尺則蓋高一丈立乘也十分寸之一謂之枚爲下起數也枚者一分也部尊一枚謂斗上隆高一分也

弓鑿廣四枚鑿上二枚鑿下四枚鑿深二寸有半下直二枚鑿端一枚

弓蓋橑也鑿深二寸有半蓋鑿深對爲五寸是以不傷達常也下直二枚者鑿空下正而

上低二分也其弓菑則橈之平剡其下二分而納之欲令蓋之尊終平不蒙橈也端內題也

弓長六尺謂之庇軹五尺謂之庇輪四尺謂之庇軫參分弓長而揉其一參分其股圍去一以爲蚤圍

庇覆也軹轂末也輿廣六尺六寸兩轂幷六尺四寸旁減軌內七寸則兩軹之廣凡丈一尺六寸也六尺之弓倍之加倍廣凡丈二尺六寸有宇曲之減可覆軹不及幹參分弓長而揉其一謂持長橈短短者近部而平長者爲宇曲也六尺之弓近部二尺四尺爲宇曲

股圍謂以弓鑿之廣爲股圍則寸六分也爪圍一寸十五分寸之一

參分弓長以其一爲之尊上欲尊而宇欲卑上尊而宇卑則吐水疾而霤遠蓋已崇則難爲門也蓋已卑是蔽目也是故蓋崇十尺良蓋弗冒弗紘殷畝而馳不隊謂之國工

尊高也六尺之弓上近部平者二尺爪末下於部二尺二尺爲句四尺爲紘求其股股十二除之面三尺幾半也上欲尊謂上近部平者欲高也宇欲卑謂宇之隤下者欲卑也弗冒者無衣也弗紘者或有衣而不以線係也不隊者不落也

輿人爲車輪崇車廣衡長參如一謂之參稱參分車廣去一以爲隧參分其隧一在前二在後以揉其式以其廣之半爲之式崇以其隧之半爲之較崇

稱猶等也衡之長容兩服隧謂車輿深也兵車之隧四尺四寸參分其隧以揉其式謂兵車之式深尺四寸三分寸之二以其廣之半爲之式崇謂兵車之式高三尺三寸以其隧之半爲之較崇較兩輢上出式者也兵車自較而下凡五尺五寸也

六分其廣以一爲之軫圍參分軫圍去一以爲

式圍參分式圍去一以爲較圍參分較圍去一以爲軹圍參分軹圍去一以爲轛圍

軫輿後橫者也兵車之軫圍尺一寸其式圍七寸三分寸之一較圍四寸九分寸之八軹圍三寸二十七分寸之七軹謂輢之植者橫者也與轂之末同名轛圍二寸八十一分寸之十四轛式之植者橫者也一曰轛讀如繫綴之綴謂車輿軨立者也立者爲轛橫者爲軹

圜者中規方者中矩立者中縣衡者中水直者如生焉繼者如附焉凡居材大與小無并大倚小則摧引之則絶棧車欲弇飾車欲侈

圜者中規以下謂治材居材如此則善也如生謂如木從地生如附謂如附枝之弘殺也并謂偏邪相就也大與小無并謂用力之時大并於小小者彊不堪則摧也小并於大大者力不堪則絶也棧車者士所乘之車欲弇者爲其無革輓則不堅而易折壞也飾車者謂革輓之車大夫

以上革輓輿也

輈人爲輈輈有三度軸有三理國馬之輈深四尺有七寸田馬之輈深四尺駑馬之輈深三尺有三寸軸有三理一者以爲媺也二者以爲久

也三者以爲利也軌前十尺而策半之輈車轅也三度謂深淺之數即下文國馬田馬駑馬之輈是也三理謂無節目者也二謂堅刃也三謂滑密也軌前十尺謂輈軌以前之長也策謂御者之策也

凡任木任正者十分其輈之長以其一爲之圍衡任者五分其長以其一爲之圍小於度謂之無任任木謂車所勝任之材也任正謂輿下三面材持車正者也輈軌前十尺與隧四尺四寸凡丈四尺四寸則任正之圍尺四寸五分寸之二衡任者謂兩軛之間也兵車乘車衡圍

一尺三寸五分寸之一無任言其不勝任也

五分其軫間以其一爲之軸圍十分其輈之長以其一爲之當兎之圍參分其兎圍去一以爲頸圍五分其頸圍去一以爲踵圍軸圍一尺三寸五分寸之一與衡任相應輈當伏兎者亦圍尺四寸五分寸之二與任正者相應頸前持衡者圍九寸十五分寸之九踵後承軫者圍七寸七十五分寸之五十一

凡揉輈欲其孫而無弧深孫順理也弧木弓也凡弓引之中參中參深之極也揉輈之倨句如二可也如三則深傷

其力矣

今夫大車之轅摯其登又難既克其登其覆車也必易此無故唯轅直且無橈也是故大車平地既節軒輊之任及其登阤不伏其轅必縊其牛此無故唯轅直且無橈也故登阤者倍任者也猶能以登及其下阤也不援其邸必緧其牛後此無故唯轅直且無橈也

大車牛車也摯輖也登上阪也克能也橈謂木曲也阤阪也倍任用力倍也緧猶車緧一曰馬紂

是故輈欲頎典輈深則折淺則負輈注則利準利準則久和則安輈欲弧而無折經而無絕進則與馬謀退則與人謀終日馳騁左不楗行數千里馬不契需終歲御衣衽不敝此唯輈之和也

頎典堅忍貌騶車之轅率尺所一縛是之謂頎典也輈深則折謂揉之大深傷其力馬倚之則折也淺則負謂揉之淺則馬善負之也輈注則利準謂輈脊上雨注令水去利也一

進與馬謀下形容和則安也文氣紆徐字法峭險末又以和字挽照是故唯樂記有之漢以後便皆斂此

日利準準如字謂輈之在輿下者平如準則能久也和則安謂注與準者和則人乘之而安也欲弧而無折謂揉輈大深則折也經亦謂順理也與馬謀與人謀言進退之易與人馬之意相應馬行主於進人則有當退時也棲與蹇同左面不便馬苦蹇輈調善則馬不蹇也馬不契需謂不傷蹄不怯懦於道里也衽裳也和則安是以然也

勸登馬力馬力既竭輈猶能一取焉良輈環灂

（句巧而圓文中有畫意）（子肖）

自伏兎不至軏七寸軏中有灂謂之國輈

登上也勸登馬力言輈和則勸馬用力也馬力既竭輈尚能一前取道喻易進也環謂漆泝鄂如環也伏兎至軏蓋如式深兵車乘車式深尺四寸三分寸之二灂不至軏七寸則

是半有灂也輈有筋膠之被用力均者則灂遠灂之義未詳以文推之當是膠環處也

軫之方也以象地也蓋之圜也以象天也輪輻三十以象日月也蓋弓二十有八以象星也龍旂九斿以象大火也鳥旟七斿以象鶉火也熊旗六斿以象伐也龜蛇四斿以象營室也弧旌枉矢以象弧也

（法似左傳）

輪象日月者以其運行也大火蒼龍宿之心其屬有尾尾九星故以象龍旂九斿鶉火朱雀宿之柳其屬有星星七星故以象鳥旟七斿伐者屬白虎宿與參連體而六星故以象

熊旂六斿營室者玄武宿與東壁連體而四
星故以象龜蛇四斿弧者旌旗之屬皆有弧
弧以張縿之幅有衣謂之韣又爲設矢象弧
星有矢也妖星有枉矢者蛇行有尾因此云
枉矢蓋畫
之於旌也

攻金之工築氏執下齊冶氏執上齊鳧氏爲聲

桌氏爲量段氏爲鎛器桃氏爲刃

執下者多錫爲下也執上者少錫爲上也多
錫如鑒燧之屬是也少錫如鍾鼎戈戟之屬
是也聲謂鍾與錞于之屬量謂豆區鬴
鎛器謂田器錢鎛之屬刃謂刀劒之屬

金有六齊六分其金而錫居一謂之鍾鼎之齊

五分其金而錫居一謂之斧斤之齊四分其金
而錫居一謂之戈戟之齊參分其金而錫居一
謂之大刃之齊五分其金而錫居二謂之削殺
矢之齊金錫半謂之鑒燧之齊

六齊言和金之品數也鑒燧取水火於日月
之器也鑒即鏡也凡金多於錫則其刃白而
且明

築氏爲削長尺博寸合六而成規欲新而無窮
敝盡而無惡

削今之書刀也新而無窮謂利也
敝盡無惡謂鋒鍔俱盡不偏索也

冶氏爲殺矢刃長寸圍寸鋌十之重三垸戈廣二寸內倍之胡三之援四之已倨則不入已句則不決長內則折前短內則不疾是故倨句外博重三鋝戟廣寸有半寸內三之胡四之援五之倨句中矩與刺重三鋝

殺矢者田獵之矢也鋌謂箭之足入藳中者垸量名戈今之句孑戟也或謂之雞鳴或謂之擁頸內謂胡以內接柲者也援直刃胡者其孑也孑亦作釨謂句孑戟也內長四寸胡

六寸援八寸已倨謂胡微直而邪多也不入謂以啄人則不入已句謂胡曲多也不決謂以啄人則創不決胡之曲直鋒本必橫而取圜於磬折則引之與胡並鉤內短則援長援長則倨於磬折倨於磬折則引之不疾倨句外博博廣也倨之外胡之裏句之外乃胡之表廣其本者所以除四病而便用也俗曰曼胡是矣鋝量名也一曰鋝者一斤四兩也戟今之三鋒戟也刺援也一曰刺者著柲直前如鐏也鐏謂柲下同也

桃氏爲劒臘廣二寸有半寸兩從半之以其臘廣爲之莖圍長倍之中其莖設其後參分其臘廣去一以爲首廣而圍之

（臘兩刃也兩從謂劒脊兩面殺而趨鍔也莖圍謂劒夾人所握自鐔以上也長倍之則莖長五寸也中其莖設其後謂從中以郤稍大之也後大則於把易制矣首圍其徑一寸三分寸之二）

身長五其莖長重九鋝謂之上制上士服之身長四其莖長重七鋝謂之中制中士服之身長三其莖長重五鋝謂之下制下士服之（上制長三尺重三斤十二兩中制長二尺五寸重二斤十四兩三分兩之二下制長二尺重二斤一兩三分兩之一此今之匕首也人各以其形貌大小帶之此士謂國中勇力之士能用五兵者）

鳧氏爲鍾兩欒謂之銑銑間謂之于于上謂之鼓鼓上謂之鉦鉦上謂之舞舞上謂之甬甬上謂之衡鍾縣謂之旋旋蟲謂之幹鍾帶謂之篆篆間謂之枚枚謂之景于上之攠謂之隧（兩欒謂之銑謂鍾口兩角也于謂鍾脣之上袪也鼓謂所擊處也于鼓鉦舞四名皆鍾體甬衡二名則鍾柄旋屬鍾柄所以縣之也旋蟲謂蟲之盤旋所以爲飾今鍾有蹲熊盤龍辟邪是也帶在于鼓鉦舞甬衡之間所以介其名也其帶凡四枚鍾乳夾鼓與舞每處有

只數字播弄已覺煙波無際

九面三十六也摲弊也亦謂所擊之處隧在鼓中窐而生光有似夫隧然

十分其銑去二以爲鉦以其鉦爲之銑間去二分以爲之鼓間以其鼓間爲之舞脩去二分以爲舞廣以其鉦之長爲之甬長以其甬長爲之圍參分其圍去一以爲衡圍參分其甬長二在上一在下以設其旋

十分其銑去二以爲鉦言鉦之徑居銑徑之八也舞脩舞之橫也舞廣舞之從也蓋舞上下促以橫爲脩從爲廣也以鉦長爲甬長弁衡數也鍾之大數以律爲度廣長與圜徑假

設之耳其鑄之則各隨鍾制爲長短大小也

薄厚之所震動清濁之所由出侈弇之所由興

有說

說猶意也

鍾已厚則石已薄則播侈則柞弇則鬱長甬則震

已厚則石言大厚則聲不發也已薄則播言大薄則聲散也侈則柞言聲大外也弇則鬱言聲不舒揚也長甬則震言鍾掉聲不正也

曲盡物情

是故大鍾十分其鼓間以其一爲之厚小鍾十分其鉦間以其一爲之厚鍾大而短則其聲疾而短聞鍾小而長則其聲舒而遠聞爲遂六分其厚以其一爲之深而圜之鍾制若首四句則不石不播矣六分其厚謂鍾厚也深謂窐之也其窐圜故書圜或作圍

㮚氏爲量改煎金錫則不耗不耗然後權之權之然後準之準之然後量之爲量當與鍾鼎同齊不耗謂消煉之精不復減也權之者稱分之也準之者器有孔則水

入孔中而當重也量之謂鑄於法中

量之以爲鬴深尺內方尺而圜其外其實一鬴其臀一寸其實一豆其耳三寸其實一升重一鈞其聲中黃鍾之宮槩而不稅量者容之名也四升曰豆四豆曰區四區曰鬴鬴與釜同六斗四升也圜其外者爲之脣也臀謂覆之而其底深一寸也耳在旁可舉者也鈞三十斤也槩而不稅謂令百在得以量而不收其器之稅也

其銘曰時文思索允臻其極嘉量既成以觀四

國求敐厥後茲器維則時文思索言是乃文德之君思求可以爲民立法者也臻至也觀示也

凡鑄金之狀金與錫黒濁之氣竭黄白次之黄白之氣竭青白次之青白之氣竭青氣次之然後可鑄也言消湅金錫精麤之候

段氏闕

函人爲甲犀甲七屬兕甲六屬合甲五屬犀甲

壽百年兕甲壽二百年合甲壽三百年函包也容也屬謂上旅下旅相續之數也旅者札葉也革堅者札長合甲謂削去革裏之肉但取其表合之以爲甲也壽三百年謂革堅者必耐久也

凡爲甲必先爲容然後制革權其上旅與其下旅而重若一以其長爲之圍凡甲鍛不摯則不堅巳敝則橈爲容謂服者之形容也制革謂裁制札之廣袤也上旅者要以上下旅者要以下圍謂札要廣厚鍛謂鍛革也摯之言致也巳敝謂鍛革大熟則革敝無強也橈曲也

凡察革之道，眡其鑽空欲其惌也，眡其裏欲其易也，眡其朕欲其直也，櫜之欲其約也，舉而眡之欲其豐也，衣之欲其無齘也。

惌小孔貌易無敗蔽也朕謂革制齘謂如齒齘一曰類齘而切齒怒也欲其無齘蓋欲其無逼窄之意

眡其鑽空而惌，則革堅也；眡其裏而易，則材更也；眡其朕而直，則制善也；櫜之而約，則周也；舉之而豐，則明也；衣之無齘，則變也。

考工記 上篇

周密致也明有光燿也變隨人身之便利也

鮑人之事，望而眡之欲其荼白也，進而握之欲其柔而滑也，卷而摶之欲其無迆也，眡其著欲其淺也，察其線欲其藏也。

鮑當作鞄柔革工也荼白茅也韋革之色似之進而握之謂親手煩擱之也卷摶謂束之也無迆謂革不虧也欲其淺謂韋革調善者鋪著之雖厚如薄也

革欲其荼白而疾澣之，則堅；欲其柔滑而腥脂之，則需；引而信之，欲其直也；信之而直，則取材

緊詞不可約
急詞不可緩
若約之緩之
便局促

正也信之而枉則是一方緩一方急也若苟一方緩一方急則及其用之也必自其急者先裂若苟自急者先裂則是以博爲帴也卷而摶之而不迆則厚薄序也眂其著而淺則革信也察其綫而藏則雖敝不甐

疾澣之者革不欲久居水中也腥厚也謂厚以脂潤之則革柔軟也以博爲帴謂以廣爲狹也厚薄序舒也謂其革均也革信無縮緩也雖敝不甐謂縫革爲綫藏則革雖敝而線不壞也

韗人爲皐陶長六尺有六寸左右端廣六寸中尺厚三寸穹者三之一上三正

陶當作鞠謂鼓木也左右端謂兩頭也兩端廣六寸而其中央廣尺則其腹穹窿故曰穹者此鼓合二十板上一直兩端又直故曰上三正也

鼓長八尺鼓四尺中圍加三之一謂之䡘鼓爲皐鼓長尋有四尺鼓四尺倨句磬折

大鼓謂之䡘以䡘鼓鼓軍事以皐鼓鼓役事磬折者中曲之不參正也葢皐鼓中圍與䡘同獨以磬折爲異耳

本是䡘鼓皐鼓兩對語一變文遂不排俗

凡冒鼓必以啟蟄之日良鼓瑕如積環鼓大而短則其聲疾而短聞鼓小而長則其聲舒而遠聞

冒鼓以啟蟄者蟄蟲聞雷聲而動鼓所取象也良鼓瑕如積環言革調急也

韗氏 闕

裘氏 闕

按玄與黃相次以上繢為衣青與赤謂之文以下繡以為裳者乃著繢畫句於首著謂之繡於尾調法參差不可捉摸

畫繢之事雜五色東方謂之青南方謂之赤西方謂之白北方謂之黑天謂之玄地謂之黃青

與白相次也赤與黑相次也玄與黃相次也青與赤謂之文赤與白謂之章白與黑謂之黼黑與青謂之黻五采備謂之繡

畫以分布五色也繢則會聚之而已蓋一氣運而為陰陽陰陽判而為五行五行彰而為五色播五行於四時者陰陽之序雜四時於五色者陰陽之理青屬木位乎東赤屬火位乎南白屬金位乎西黑屬水位乎北陽之色以赤為本而以玄為正其色復乎幽故天之色玄陰之色以黑為本而以黃為正其色得乎中故地之色黃巽位乎東南萬物趨於文明之地故青與赤曰文坤位乎西南萬物成於致役之時故赤與白曰章乾位乎西北其

道主剛而能斷故白與黑曰黼艮位乎東北陰陽各止其所辨故黑與青曰黻績陽也繢之於衣繡陰也繡之於裳

土以黃其象方天時變火以圜山以章水以龍鳥獸蛇雜四時五色之位以章之謂之巧凡畫繢之事後素功

土以黃爲正色其象夫地之方天時變謂畫天隨四時之色也火之形如半環故曰圜山以章章猶獐也獐山物也水以龍龍水物也鳥獸蛇華蟲也蟲之毛鱗有文采者後素功者凡畫繢之事先以粉地爲質而後施以五采也

鍾氏染羽以朱湛丹秫三月而熾之淳而漬之三入爲纁五入爲緅七入爲緇

湛漬也丹秫赤粟也熾炊也染羽者以飾旌旗及王后之車淳沃也以炊下湯沃其熾烝之以漬羽漬猶染也三入爲纁謂染朱黑色五入赤汁及黑色爲緅七入染汁爲黑曰緇爾雅曰一染謂之縓再染謂之竀三染謂之纁故曰三入爲纁也

筐人 闕

㡛氏湅絲以涚水漚其絲七日去地尺暴之晝暴諸日夜宿諸井七日七夜是謂水湅湅帛以

欄為灰渥淳其帛實諸澤器淫之以蜃清其灰而盝之而揮之而沃之而盝之而塗之而宿之明日沃而盝之晝暴諸日夜宿諸井七日七夜是謂水湅

涚水溫水也一曰以灰所泲水也漚漸也宿諸井謂縣諸水中以欄為灰謂以欄木之灰漸澤其帛也渥漚同澤器滑澤之器也蜃謂蛤殼之灰也一曰涅之以蜃謂薄粉之而令帛白也盝之謂於灰澄而出盝也揮之謂揮去其蜃灰也塗之宿之謂更漚淳之也明日沃而盝之謂朝更沃至夕盝之又更沃至旦盝之亦七日如漚絲也

玉人典瑞二官相爲表裏今攷玉人之所造或典瑞之所無典瑞之所掌或玉人之所無是互有逸文也

考工記

下篇

玉人之事鎮圭尺有二寸天子守之命圭九寸謂之桓圭公守之命圭七寸謂之信圭侯守之命圭七寸謂之躬圭伯守之命圭者王所命之圭也朝覲執焉居則守之子守穀璧男守蒲璧不言者闕文也以上制度詳見大宗伯

天子執冒四寸以朝諸侯天子用全上公用龍

侯用瓚伯用將繼子男執皮帛名玉曰冒者言德能覆蓋天下也四寸者以尊接卑小爲貴全純色祼圭一器有瓚有龍有將惟天子全用玉以龍爲首上公以玉飾龍首故曰用龍或曰龍當爲尨尨雜色也對全而言也盛鬯處曰瓚侯以玉飾瓚故曰用瓚圭柄曰將伯以玉飾柄故曰用將繼子男以上疑有闕文執皮帛謂公之孤也

天子圭中必四圭尺有二寸以祀天大圭長三尺杼上終葵首天子服之土圭尺有五寸以致日以土地祼圭尺有二寸有瓚以祀廟

注疏本穀圭以後多錯亂今取諸本校定之大率以吳本爲據尚有案十有二寸六句與禹人事不相蒙今刪之

必繹通謂以組約其中央益以防失墜也大圭王所搢者或謂之珽終葵爲椎於其杼上以明無所屈也杼䊺也致日謂度景之至否也夏日至之景尺有五寸冬日至之景丈有三尺土猶度也建邦國以度其地而制其域也祼謂始獻酌奠也瓚如盤其柄用圭宗廟也

琬[於阮]圭九寸而繅[早]以象德琰[餘冉]圭九寸判規以除慝以易行穀圭七寸天子以聘女兩圭五寸有邸以祀地以旅四望

琬猶圓也王使之瑞節也繅藉也琰圭琰半以上又半爲瑑飾諸侯有不義者使者征之

考工記下篇

執以爲節也除慝除惡逆也易行去煩苛也穀圭瑑如穀文納徵加於束帛邸謂之柢有邸僢共本也

璧羨度尺好三寸以爲度圭璧五寸以祀日月星辰璧琮九寸諸侯以享天子璧琮八寸以覜[吐吊]聘駔琮五寸宗后以爲權大琮十有二寸射[石]四寸厚寸是謂內鎮宗后守之駔琮七寸鼻寸有半寸天子以爲權瑑[直轉]琮八寸諸侯以享夫人

羨延也好璧孔也爾雅曰肉倍好謂之璧圓曰玉方曰琮聘禮享君以璧享夫人以琮頫

祼也聘問也衆來曰覜特來曰聘駔讀爲組以組繫之謂以組繫琮爲稱錘以權輕重也大琮如王之鎮圭也射謂其外之組牙也

大璋中璋九寸邊璋七寸射四寸厚寸黃金勺青金外朱中鼻寸衡四寸有繅天子以巡守宗祝以前馬大璋亦如之諸侯以聘女瑑圭璋八寸以頫聘牙璋中璋七寸射二寸厚寸以起軍旅以治兵守璋邸射素功以祀山川以致稍餼半圭曰璋曰大曰牙則知中璋小矣勺酒尊中勺也三璋皆璋瓚故有勺以盛黃流以黃

金爲之而以青金飾其外以朱飾其中鼻龍頭也衡謂勺柄龍頭也繅藉也三璋之勺形如圭瓚天子巡守有事山川則用灌焉於大山川則用大璋於中山川用中璋於小山川用邊璋稍餼稟食也造請賓客之所用也

楖人 闕

雕人 闕

磬氏

磬氏爲磬倨句一矩有半其博爲一股爲二鼓爲三參分其股博去一以爲鼓博參分其鼓博以其一爲之厚已上則摩其旁已下則摩其耑

博謂股博言廣也股磬之上大者鼓其下小所當擊者也一曰股外面鼓內面也已上則摩其旁謂磬聲大上則摩鑢其旁一曰太上聲清也太下聲濁也短而厚則清薄而廣則濁也

矢人爲矢鍭矢參分茀矢參分一在前二在後兵矢田矢五分二在前三在後殺矢七分三在前四在後參分其長而殺其一五分其長而羽其一以其笴厚爲之羽深

鍭矢三分言參訂之而平者前有鐵重也茀矢茀當爲殺一在前謂箭稾中鐵莖居參分殺一之前也兵矢謂枉矢絜矢也此二矢亦可以田田矢謂矰矢二在前三在後鐵差短小也殺矢殺當爲茀三在前四在後鐵又差短小矣殺其一者謂矢稾長三尺殺其前一尺令趣鏃也羽其一者羽者六寸也笴讀爲稾矢幹也厚之數未聞

水之以辨其陰陽夾其陰陽以設其比夾其比以設其羽參分其羽以設其刃則雖有疾風亦弗之能憚矣刃長寸圍寸鋌十之重三垸

辨猶正也陰沉而陽浮夾其陰陽者弓矢比在稾兩旁弩矢比在上下設羽於四角也參分其羽以設其刃謂刃二寸也

前弱則俛後弱則翔中弱則紆中彊則揚羽豐則遲羽殺則趮是故夾而搖之以眡其豐殺之節也橈之以眡其鴻殺之稱也凡相笴欲生而摶同摶欲重同重節欲疏同疏欲㮚

前弱則俛以下言幹羽之病使矢行不正也俛低也翔迴顧也紆曲也揚飛也豐大也趮旁掉也夾搖者謂以指夾矢而搖之也橈之謂搦其幹也相猶擇也生謂無瑕蠹摶謂圜也欲㮚欲其色如㮚也

陶人爲甗實二鬴厚半寸脣寸盆實二鬴厚半

寸脣寸甑實二鬴厚半寸脣寸七穿鬲實五㲉厚半寸脣寸庾實二㲉厚半寸脣寸

甗無底甑也六斗四升曰鬴鬲鼎屬㲉受一斗二升

旊人爲簋實一㲉崇尺厚半寸脣寸豆實三而成㲉崇尺凡陶旊之事髻墾薜暴不入市器中膞豆中縣膞崇四尺方四寸

旊摶埴之工作瓦器者相倣也豆實四升髻義未詳墾頓傷也薜破裂也暴墳起不堅緻也四者皆以其不任用故不市也中膞謂器之端正也中縣謂懸繩以正豆之柄也

以爲磬虡是故擊其所縣而由其虡鳴小首而長摶身而鴻若是者謂之鱗屬以爲筍

燿讀爲哨頎小也由若也吻口腃也腃卽脣也顧長脰貌摶圜也鴻傭也

凡攫閷援簭之類必深其爪出其目作其鱗之而深其爪出其目作其鱗之而則於眡必撥爾而怒苟撥爾而怒則於任重宜且其匪色必似鳴矣爪不深目不出鱗之而不作則必穨爾如委矣苟穨爾如委則加任焉則必如將廢措其匪色必似不鳴矣

此皆謂筍虡之獸也攫言其便捷而攫物閷言其纖利而閷物援言其力之攀而取簭言其吻之齧而食深猶藏也深其爪則爪必長而曲出其目則目必露而瞪作猶起也之而頰頷也作其鱗之而則頰頷之間其勢起而直如是則勇敢摯速之狀與夫踴躍奮迅之勢蓋已默寓於制作之間及其用之非特其力足以任重且其匪然之色著見於文采則擊其所懸必似鳥獸之鳴非果鳴也制作侔乎造化則物之無聲者亦疑於有聲者矣措猶頓也

梓人爲飲器勺一升爵一升觚三升獻以爵而

酬以觚一獻而三酬則一豆矣食一豆肉飲一豆酒中人之食也凡試梓飲器鄉衡而實不盡梓師罪之

勺尊升也觚當爲觶豆當作斗聲之誤也鄉衡而實不盡謂平爵鄉口而酒不盡則其器不善故梓人之長罪於梓人也

梓人爲侯廣與崇方參分其廣而鵠居一焉上兩个與其身三下兩个半之上綱與下綱出舌尋縜寸焉

如此琢句未經效贈良由筆力道邁慕倣者無下手處也

幹 云 去

考工記下篇

廣與崇方謂廣與高等也高廣等者謂侯中也天子射禮以九爲節侯道九十弓弓二寸以爲侯中高廣等則天子侯中丈八尺諸侯於其國亦然鵠所射也以皮爲之各如其侯也居侯中參分之一則此鵠方六尺唯大射以皮飾侯大射者將祭之射也其餘有賓射燕射兩个个與幹同上兩个下兩个皆謂舌也身躬也記曰倍中以爲躬倍躬以爲左右舌下舌半上舌然則九節之侯身三丈六尺上个七丈二尺下个五丈四尺其制身夾中也个夾身也在上下各一丈幅凡用布三十六丈言上个與其身三者見身居一分而上个倍之亦爲下个半上个出也侯制上廣下狹蓋取象於人張臂八尺張足六尺也上綱下綱綱所以繫侯於植者也上下皆出舌一尋者亦人所張手之節也一曰綱連侯繩也縜籠

祝辭古徙高雅可併雅頌似非漢人筆疑冬官雖闕而殘編遺韵尚有傳誦民間者歟

綱者亦曰舌之維持侯者

張皮侯而棲鵠則春以功張五采之侯則遠國屬張獸侯則王以息燕

皮侯以皮所飾之侯也春以功春讀爲蠢作也出也天子將祭必與諸侯羣臣射以作其容體出其合於禮樂者與之事鬼神也五采之侯謂內以朱而白次之蒼次之黃次之黑次之其侯之飾又以五采畫雲氣焉遠國屬者若諸侯朝會王張此侯與之射所謂賓射也獸侯畫獸之侯也王以息燕者息者休農息老也燕謂勞使臣或謂與羣臣閒暇飲酒而射也

祭侯之禮以酒脯醢其辭曰惟若寧侯毋或若（汝）女不寧侯不屬于王所故抗而射女強飲強食詒女曾孫諸侯百福

祭侯之禮謂司馬實爵而獻獲者于侯薦脯醢折俎而獲者執以祭侯也寧侯謂諸侯先有功德者能安寧其國故今射者願如安寧之侯而毋得如不寧之侯言當效有道之君而勿效無道之君也屬猶朝會也不屬于王所即謂不寧侯也以其無道而遂疾之故抗射焉抗舉也張也強飲強食祝頌辭也曾孫諸侯謂後世爲諸侯者

（盧）廬人爲廬器戈柲六尺有六寸殳長尋有四尺

車戟常酋矛常有四尺夷矛三尋

柲猶柄也八尺曰尋倍尋爲常酋之言就也夷之言傷也

凡兵無過三其身過三其身弗能用也而無已又以害人故攻國之兵欲長攻國之人衆行地遠食飲飢且涉山林之阻是故兵欲短守國之人寡食飲飽行地不遠且不涉山林之阻是故兵欲長

兵無過三其身者人長八尺與尋齊進退之度三尋用兵力之極也而無已猶曰不徒止

言其大長也夫兵莫短於戈殳故攻國者用之言罷羸宜短兵也莫長於矛戟故守國者用之言壯健宜長兵也大要欲便於人耳

凡兵句（如字又音鉤）兵欲無彈刺兵欲無蜎（於全）是故句兵椑（薄兮）刺兵摶（徒丸）轂兵同強舉圍欲細細則校刺兵同強舉圍欲重重欲傅人傅人則密是故侵之

句兵戈戟屬彈掉也刺兵矛屬蜎橈也齊人之言謂斧柄曰椑椑者隨圜也摶圜也轂兵謂殳無刃者同強謂上下同也舉謂手所操校謂疾也傳近也密審也正也大意言人所操者細以轂則疾所操者重以刺則正然則句兵堅者在後刺兵堅者在前也

凡爲殳五分其長以其一爲之被而圍之參分其圍去一以爲晉圍五分其晉圍去一以爲首圍凡爲酋矛參分其長二在前一在後而圍之五分其圍去一以爲晉圍參分其晉圍去一以爲刺圍被把中也圍之圜之也凡矜八觚晉謂矛戟下銅鐏也一曰晉與稽同謂矜所持也首殳上鐏也刺謂矛刃胷也

凡試廬事置而搖之以眂其蜎也灸諸牆以眂

其橈之均也橫而搖之以眂其勁也六建既備車不反覆謂之國工置猶樹也灸謂以柱兩牆之間輓而內之則本末勝負可知也必正于牆者牆𨁬也六建謂五兵與人也反覆謂軒輖也

匠人建國水地以縣置槷以縣眂以景爲規識日出之景與日入之景晝參諸日中之景夜考之極星以正朝夕水地以縣謂於四角立植而縣以水望其高下高下既定乃爲位而平地也置槷以縣謂

於所平之地中央樹八尺之臬以縣正之也眡以景將以正四方也爾雅在牆者謂之杙在地者謂之臬以規識景者日出日入之景其端則東西正矣又爲規以識之者自日出而畫其景端以至日入既則爲規測景兩端之內規之規之交乃審也度兩交之間中屈之以指臬則南北正也晝參之日中之景則景最短極星謂北辰

匠人營國方九里旁三門國中九經九緯經涂九軌左祖右社面朝後市市朝一夫

旁三門謂一方三門則總十二門也國中城內也經緯謂涂也經緯之涂皆容方九軌軌謂轍廣乘車六尺六寸旁加七寸凡八尺是爲轍廣九軌積七十二尺則此涂十二步也

旁加七寸者輻內二寸半輻廣三寸半綆三分寸之二金轄之間三分寸之一左祖右社面朝後市謂王宮當中也市朝一夫則方各百步

夏后氏世室堂脩二七廣四脩一五室三四步四三尺九階四旁兩夾窻白盛門堂三之二室三之一殷人重屋堂脩七尋堂崇三尺四阿重屋周人明堂度九尺之筵東西九筵南北七筵堂崇一筵五室凡室二筵

世室謂宗廟也脩南北之深也夏度以步令堂脩十四步益以四分脩之一則堂廣十七

句法奇甚

步半也五室謂堂之上爲五室象五行也三四步室方也四三尺以益廣也木室於東北火室於東南金室於西南水室於西北其方皆三步其廣益之以三尺土室於中央四步其廣益之以四尺此五室居堂南北六丈東西七丈九階南面三餘三面各二也四旁兩夾窻窻以助戶爲明者每室四戶八窻也盛之言成也以白盛謂以蜃灰堊牆成宮室也門堂門側之堂也南北九步二尺東西十一步四尺是方於正堂爲三之二也室三之一謂兩室與門各居一分也重屋謂王宮正堂若大寢也其脩七尋五丈六尺放夏周則其廣九尋七丈二尺也五室各二尋崇高也四阿若今四柱屋重屋復笮也明堂者明政教之堂也明堂之制諸說不同也蔡書傳云周路寢南北七雉東西九雉室居二雉以雉長

三丈言之則南北之脩爲二十一丈東西之廣爲二十七丈此路寢之制古人寢不踰廟則明堂之制固宜大於路寢今曰明堂之室止於丈八尺而反狹於路寢遠矣豈有是理哉其中必有錯誤

室中度以几堂上度以筵宮中度以尋野度以步涂度以軌廟門容大扃七个闈門容小扃參个路門不容乘車之五个應門二徹參个

室中謂四壁之內大扃牛鼎之扃也長三尺每扃爲一个七个則二丈一尺也廟中之門曰闈門小扃膷鼎之扃長二尺三个則六尺也路門者大寢之門乘車廣六尺六寸五个

則三丈三尺也言不容者是兩門乃容之則此門半之爲丈六尺五寸耳正門謂之應門謂朝門也二徹之內八尺三个則二丈四尺

內有九室九嬪居之外有九室九卿朝焉九分其國以爲九分九卿治之

內路寢之裏也外路門之外也九室如今朝堂諸曹治事之處九卿謂六卿及三孤也九分其國分國之職也

王宮門阿之制五雉宮隅之制七雉城隅之制九雉經涂九軌環涂七軌野涂五軌門阿之制

以爲都城之制宮隅之制以爲諸侯之城制環涂以爲諸侯經涂野涂以爲都經涂

阿棟也宮隅城隅謂角浮思也雉長三丈高一丈度高以高度廣以廣經涂謂城中之道環涂謂環城之道都城謂王子弟之所封諸侯謂畿內之諸侯也

匠人爲溝洫耜廣五寸二耜爲耦一耦之伐廣尺深尺謂之甽田首倍之廣二尺深二尺謂之遂

爲溝洫以通利田間之水道也耜今之犁也古者耜一金兩人併發之其壟中曰甽甽與

畝同晦上曰伐伐之言發也田一夫之所佃百畝方百步之地遂夫間小溝也

九夫爲井井間廣四尺深四尺謂之溝方十里爲成成間廣八尺深八尺謂之洫方百里爲同同間廣二尋深二仞謂之澮專達於川各載其名

此畿內采地之制一井之中三屋九夫三相具以出賦稅共治溝也方十里爲成成中容一甸甸方八里出田稅緣邊一里治洫方百里爲同同中容四都六十四成方八十里出田稅緣邊十里治澮按周之田制於夏之貢殷之助二法並用民自治其所受田而納其稅穀是之謂貢借民之力以治公田而不復稅其私畝是之謂助畿內用貢法者鄉遂及公邑之吏旦夕從民事爲其促之以公使民不得恤其私也邦國用助法者諸侯專一國之政爲其貪暴而稅民無藝也朱子曰鄉遂用貢法十夫有溝都鄙用助法八家同井本諸此歟

考工記 下篇 十五

凡天下之地埶兩山之間必有川焉大川之上必有涂焉凡溝逆地阞謂之不行水屬不理孫謂之不行梢溝三十里而廣倍

溝謂造溝地阞謂地之脉理也造溝者必順地埶若逆其脉理則水不行矣不行謂決溢

四句雖而讀 梢溝句當有誤字

也屬讀爲注不理孫亦謂不順理執也梢溝則水漱齧之溝而非墾鬪所拔者也故三十里而廣倍

凡行奠水磬折以參伍欲爲淵則句於矩凡溝必因水埶防必因地埶善溝者水漱之善防者水淫之磬折謂水行欲紆曲也參伍者直行三折行五則引水者疾矣欲爲淵句於矩者大曲則流轉流轉則其下成淵矣漱猶齧也淫讀作㢘謂水淤泥土而留著則助之爲厚也

凡爲防廣與崇方其閷參分去一大防外閷凡溝防必一日先深之以爲式里爲式然後可以

傅衆力凡任索約大汲其版謂之無任崇高也方猶等也閷者薄其上也大防外閷者又薄其上厚其下也溝防爲溝爲防也深之以爲式程人功也里讀爲已聲之誤也約縮也汲引也大汲其版謂築防牆者以繩縮版而大引之則版曲以土築之則不堅故謂之無任

葺屋參分瓦屋四分囷窌倉城逆牆六分堂涂十有二分竇其崇三尺牆厚三尺崇三之葺屋謂茆覆屋者三分四分謂各分其脩以其一爲峻也圓倉曰囷穿地曰窌逆猶卻也

秘含窰姿折而又自森嚴

堂涂十有二分謂分其督旁之脩以一分爲峻也爾雅曰堂涂謂之陳賓宮中水道也

車人之事半矩謂之宣一宣有半謂之欘一欘有半謂之柯一柯有半謂之磬折

頭髮皓白曰宣半矩者尺三寸三分寸之一如人頭之長也欘斲木柄長二尺柯伐木之柯柄長三尺磬折謂人立則上俛自帶以下四尺五寸也

車人爲耒庛長尺有一寸中直者三尺有三寸上句者二尺有二寸自其庛緣其外以至於首以弦其內六尺有六寸與步相中也堅地欲直

庛柔地欲句庛直庛則利推句庛則利發倨句磬折謂之中地

耒謂耕耒庛謂耒下前曲接耜者中地之耒其庛與直者如磬折則調矣調則弦六尺

車人爲車柯長三尺博三寸厚一寸有半五分其長以其一爲之首轂長半柯其圍一柯有半輻長一柯有半其博三寸厚三之一渠三柯者三

柯長三尺謂以斧柯爲度轂長半柯謂大車轂徑尺五寸者是也輻厚三之一謂厚一寸

也渠謂車輮所謂牙也其徑九寸

行澤者欲短轂行山者欲長轂短轂則利長轂則安行澤者反輮行山者仄輮反輮則易仄輮則完

澤泥苦其大安故欲短轂山險苦其大動故欲長轂反輮爲泥黏欲得心在外而滑也仄輮者爲砂石破碎之欲得表裏相依而堅刃也

六分其輪崇以其一爲之牙圍柏車轂長一柯其圍二柯其輻一柯其渠二柯者三五分其輪

崇以其一爲之牙圍大車崇三柯綆寸牝服二柯有參分柯之二羊車二柯有參分柯之一柏車二柯

輪崇謂輪徑也牙圍尺五寸柏車山車也輪高六尺牙圍尺二寸大車平地任載之車也綆謂輪箄也牝服長八尺謂較也一曰車箱也羊車謂車羊門也一曰羊善也善車若後人定張車也其較長七尺柏車二柯較六尺也

凡爲轅三其輪崇參分其長二在前一在後以鑿其鉤徹廣六尺鬲高六尺

輿輪人車車
法句法無異
味六遂滅記
中每有此痴
也

鉤謂鉤心也鬲謂轅端壓牛領者也

弓人爲弓取六材必以其時六材既聚巧者和之幹也者以爲遠也角也者以爲疾也筋也者以爲深也膠也者以爲和也絲也者以爲固也漆也者以爲受霜露也

取六材必以時謂取幹以冬角以秋絲漆以夏

凡取幹之道七柘爲上檍次之檿桑次之橘次之木瓜次之荊次之竹爲下凡相幹欲赤黑而陽聲赤黑則鄉心陽聲則遠根凡析幹射遠者用埶射深者用直居幹之道菑栗不迆則弓不發

檍又謂之杻檿桑卽山桑陽聲則遠根陽猶清也木之類近根者奴故以遠根爲善射遠者用埶埶謂形埶假令木性自曲則當反其曲以爲弓射深者用直謂直木可厚厚則力多也菑栗不迆謂以鋸副析幹而不邪行絕理也

凡相角秋閷者厚春閷者薄稺牛之角直而澤老牛之角紾而昔疢疾險中瘠牛之角無澤角

起伏層疊變幻玲瓏盡文章之妙

欲青白而豐末夫角之本蹙於𦙶而休於氣是故柔柔故欲其埶也白也者埶之徵也夫角之中恒當弓之畏畏也者必橈橈故欲其堅也青也者堅之徵也夫角之末遠於𦙶而不休於氣是故脃脃故欲其柔也豐末也者柔之徵也

紾而昔謂牛角觕而理錯也疢疾險中謂牛有久病則角裏傷也角無澤少潤氣也蹙於𦙶謂角下近腦者埶謂色白也畏作威謂弓淵角之中央也一曰畏當作隈豐末者柔之徵謂𦙶氣煦及之則角之末豐大故柔而不脃也

似渭而有巧思

角長二尺有五寸三色不失理謂之牛戴牛

三色者本白中青而末豐也牛戴牛謂一角之貴同一牛之價

末句不可解大都謂膠之類不能一律齊耳

凡相膠欲朱色而昔昔也者深瑕而澤紾而摶廉鹿膠青白馬膠赤白牛膠火赤鼠膠黑魚膠餌犀膠黃凡昵之類不能方

摶圜也廉謂其瑕之嚴利也鹿馬諸膠人皆謂煮其皮或角也餌謂其色如餌凡昵之類不能方其義未詳

凡相筋欲小簡而長大結而澤小簡而長大結

而澤則其爲獸必剽以爲弓則豈異於其獸筋欲敝之敝小簡謂筋條也剽疾也敝之敝謂嚌之當孰也

漆欲測絲欲沈得此六材之全然後可以爲良測猶清也今人觀漆之法云良漆如鏡絲欲沈如在水中之色也

凡爲弓冬析幹而春液角夏治筋秋合三材寒奠體冰析㵿冬析幹則易春液角則合夏治筋則不煩秋合三材則合寒奠體則張不流冰析

㵿則審環春被弦則一年之事三材膠絲漆也奠定也至冬膠堅納之檠中以定往來之體也冰析㵿謂大寒中下於檠中復納之也張不流謂張而不移易也審猶定也一年之事謂造弓者必朞年乃可用其精如此

析幹必倫析角無邪斲目必荼斲目不荼則及其大脩也筋代之受病夫目也者必彊彊者在內而摩其筋夫筋之所由幨恒由此作故角三液而幹再液厚其帤則木堅薄其帤則需

析幹必倫謂順其理也無邪謂必正之也斲目必舒幹之節目必舒徐也大脩大久也摩猶隱也幨謂絕起也三液再液謂重醳治之使相稱也帑謂弓中裨也需謂不充滿也

是故厚其液而節其帤約之不皆約疏數必侔斲摯必中膠之必均斲摯不中膠之不均則及其大脩也角代之受病夫懷膠於內而摩其角夫角之所由挫恒由此作凡居角長者以次需恒角而短是謂逆橈引之則縱釋之則不校恒角而達譬如終紲非弓之利也

厚其液言多其液也節其帤節猶適也不皆約謂纏之繳不相次也疏數必侔言其均也中亦均也角之所由挫謂幹不均則角蹴折也居角謂當弓之隈也長短各稱其幹短者居簫也恒角而短之恒讀爲亘竟也竟其角而短於淵幹引之角縱不用力若欲反橈也釋之則不校謂放之又不疾也恒角而達謂幹長於淵也譬如終紲謂紲於引𩌏也言幹若達於簫頭則角過淵接而送矢大疾若見紲於𩌏矣弓有𩌏者謂發弦時備頻傷也

今夫茭解中有變焉故校於挺臂中有柎焉故剽恒角而達引如終紲非弓之利

茭解謂接中也變謂簫之與臂用力各異也校疾也挺直也柎側骨也剽亦疾也引如終

繼即前之譬如終繼也

撟幹欲孰於火而無贏撟角欲孰於火而無燂潛

引筋欲盡而無傷其力鬻膠欲孰而水火相得

然則居旱亦不動居濕亦不動

撟柔也贏過孰也燂炙之爛也不動謂弓不動也

苟有賤工必因角幹之濕以爲之柔善者在外

動者在內雖善於外必動於內雖善亦弗可以

爲良矣凡爲弓方其峻而高其柎長其畏而薄

其敝宛之無已應下柎之弓末應將興爲柎而

發必動於閷弓而羽閷末應將發

峻謂簫也敝與蔽同謂弓人所握持者宛之謂引之也無已應言引之不休止常應弦而不罷耎也末猶簫也下柎之弓末應將興言弓柎卑而簫應弦則柎將動也閷接中也弓而羽閷末應將發羽讀爲扈扈緩也接中動則緩緩則簫應弦而角幹將發

弓有六材焉維幹彊之張如流水維體防之引

之中參維角定之欲宛而無負弦引之如環釋

之無失體如環材美工巧爲之時謂之參均角

图书在版编目（CIP）数据

三经评注 /（明）闵齐伋汇刻．—影印本．—北京：
中国书店，2013.8
（中国书店藏珍贵古籍丛刊）
ISBN 978-7-5149-0809-1

Ⅰ．①三… Ⅱ．①闵… Ⅲ．①手工业史—中国—古代
②礼仪—中国—古代③儒家 Ⅳ． ①N092②K892.9③B222.51

中国版本图书馆 CIP 数据核字（2013）第 119271 号

中國書店藏珍貴古籍叢刊

三經評注

孟子·檀弓·考工記

一函四册

作　　者　明·閔齊伋 匯刻
出版發行　中國書店
地　　址　北京市西城區琉璃廠東街一一五號
郵　　編　一〇〇〇五〇
印　　刷　金壇市古籍印刷廠
版　　次　二〇一三年八月第一版第一次印刷
書　　號　ISBN 978-7-5149-0809-1
定　　價　一六〇〇元